HAPPY EASTER

復活節的日子

K1A
復活節
爸爸，你看，這些復活節的布置多漂亮！
對啊！復活節快到了。其實，每年復活節的日期，可不像大部分節日一樣，有一個固定的日子呢。

每年的復活節日期都不是固定的。根據西方傳統，在每年西曆3月21日後的第一個滿月(即農曆十五)，再向後推算的第一個星期日就是復活節，約在3月22日到4月25日之間。

復活節的由來

耶穌復活的故事

根據《聖經》記載，大約在二千多年前，上帝差派祂的兒子耶穌來到世上，釘身在十字架上，為救贖世人的罪。

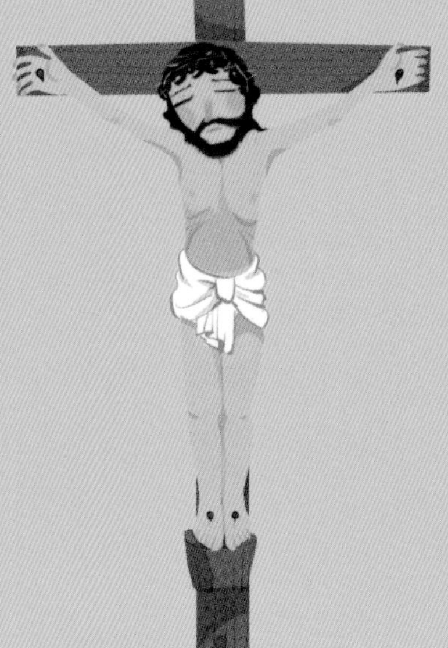

耶穌死後，被埋葬在一個山洞裏，洞口前有一塊大石阻塞洞穴。

耶穌死後的第三天，剛好是安息日，一些婦女和耶穌的門徒來到山洞，卻發現大石滾開了，山洞裏的耶穌也不見了。原來耶穌已按祂所預言的，在死後的第三天復活了。後來，人們為了紀念這件事，便定立了復活節。

現今，復活節不再只是一個宗教節日，也是人們表達關愛別人的日子。在復活節，人們會互相送贈色彩繽紛的復活蛋來慶祝節日。

復活蛋

每到復活節，小朋友最喜歡收到復活蛋。究竟復活蛋是什麼呢？大家來認識一下吧！

復活蛋最初是一顆經過裝飾的雞蛋，人物會用顏料把雞蛋染成不同的顏色，再畫上喜歡的圖案。後來人們還發明了用巧克力製成的巧克力蛋，所以特別受小朋友歡迎。

小朋友，下面每組復活蛋中都有一顆跟左面的復活蛋是一樣的，請把它圈起來。

1.

A.

B.

C.

2.

A.

B.

C.

3.

A.

B.

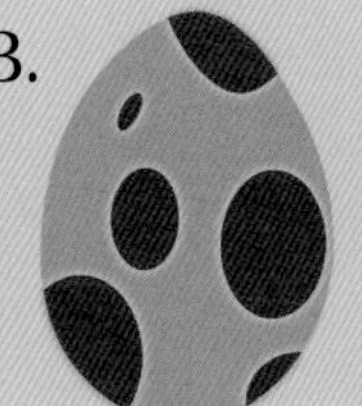

C.

答案：1.C 2.B 3.C

復活蛋的意義

復活蛋是復活節的象徵，因為雞蛋代表新生命的開始。

不同動物的蛋

小朋友，很多動物都會下蛋，一起來認識一下吧！

這些動物的蛋都有外殼保護着。

復活兔

除了復活蛋外，復活兔也是復活節的象徵。你知道為什麼嗎？

由於兔子的繁殖力很強，象徵着豐富的生命力，所以被人們視為復活節的象徵。

認識兔子的特徵

小朋友，你看過真正的兔子嗎？一起來認識一下吧！

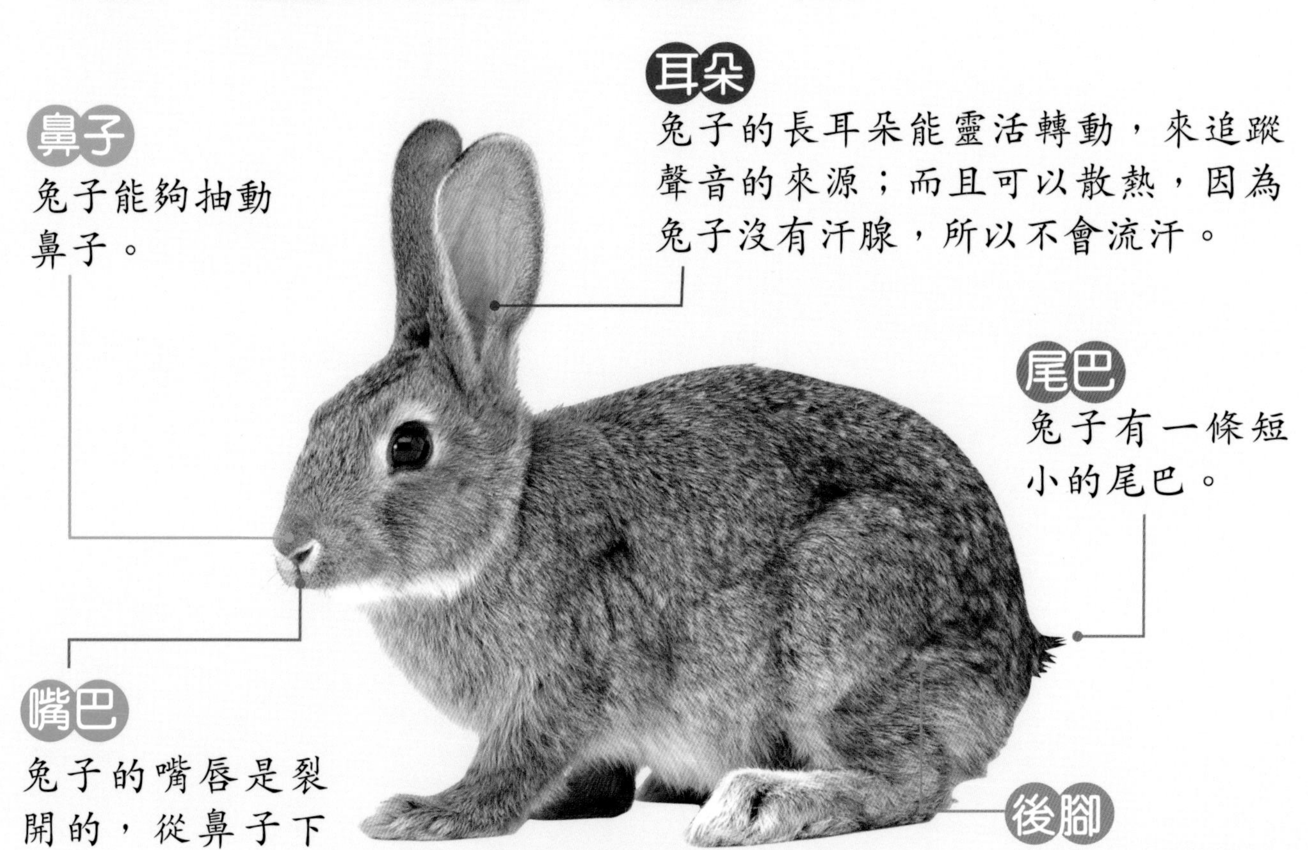

耳朵

兔子的長耳朵能靈活轉動，來追蹤聲音的來源；而且可以散熱，因為兔子沒有汗腺，所以不會流汗。

鼻子

兔子能夠抽動鼻子。

尾巴

兔子有一條短小的尾巴。

嘴巴

兔子的嘴唇是裂開的，從鼻子下到嘴巴形成一個 Y 字形。兔子的牙齒會不停地生長，因此要經常磨牙，以免太長影響進食。

後腳

兔子的後腳強壯有力，跳躍力強。

兔子的體型小，是一種很可愛的寵物。可是，每年復活節過後都有很多兔子被遺棄。要避免這種情況發生，我們應該每天好好照顧自己的寵物，愛惜牠們，尊重生命。

滾蛋遊戲

這是一個源自美國的遊戲。孩子們運用長長的杓子將復活蛋推向終點，便可以得到禮物。

尋找復活蛋遊戲

另一個在復活節常見的遊戲是尋找復活蛋遊戲。大人們會把復活蛋藏在草堆裏，讓孩子們去找。他們相信找到最多復活蛋的人，在新一年會感到喜樂平安。

小朋友，你也來找找看，以下圖中藏了 6 顆復活蛋，請你把它們圈起來。

復活節

親子 DIY

復活節小兔子袋

在復活節，人們常常會收到很多巧克力復活蛋。小朋友，快來一起動手製作復活節小兔子袋，把你的復活蛋收集起來吧！

打開信封，你便可以把巧克力復活蛋放進袋子裏。

你需要：

- 西式白信封
- 黑色水筆
- 漿糊筆
- 顏色紙
- 剪刀

做法：

1. 利用顏色紙分別剪出長長的兔子耳朵和鼻子。
2. 先在信封的正面用漿糊筆把鼻子黏上，然後用黑色水筆畫出兔子的眼睛、嘴巴、兩隻長長的門牙和鬍鬚。
3. 最後，把兔子的耳朵的根部分別摺下小部分來塗上漿糊，然後貼在信封的背面開口上，復活節小兔子袋便完成了！

復活節小雞

在復活節，除了復活兔外，我們也常常看到小雞的復活節裝飾，只要幾樣簡單的材料也可以做出應節的復活節小雞。小朋友，快來一起動手製作復活節小雞吧！

你需要：

- 顏色紙
- 紙杯
- 剪刀
- 膠紙
- 毛毛軟鐵線
- 漿糊筆

做法：

1. 先用黃色顏色紙把紙杯的杯身包裹好。
2. 然後利用其他顏色紙分別剪出小雞的眼睛、嘴巴、頭上的羽毛和翅膀，然後用漿糊筆把它們貼在紙杯適當的位置上。
3. 最後，利用毛毛軟鐵線做出小雞的雙腳，並用膠紙把雙腳貼在紙杯上，可愛的復活節小雞便完成了！

幼兒節日叢書 • 西方節日

復活節

策　　劃：王燕參
責任編輯：胡頌茵
繪　　圖：野人
攝　　影：金暉
美術設計：金暉
出　　版：新雅文化事業有限公司
香港英皇道499號北角工業大廈18樓
電話：(852) 2138 7998
傳真：(852) 2597 4003
網址：http://www.sunya.com.hk
電郵：marketing@sunya.com.hk
發　　行：香港聯合書刊物流有限公司
香港新界大埔汀麗路36號中華商務印刷大廈3字樓
電話：(852) 2150 2100
傳真：(852) 2407 3062
電郵：info@suplogistics.com.hk
印　　刷：中華商務彩色印刷有限公司
香港新界大埔汀麗路36號
版　　次：二〇一五年三月初版
二〇二〇年四月第二次印刷

ISBN: 978-962-08-6270-0

18/F, North Point Industrial Building, 499 King's Road, Hong Kong
Published in Hong Kong
Printed in China

照片來源：Shutterstock (www.shutterstock.com) (P.14)
鳴謝：本書部分照片由李卓霖（P.3, P.16）提供。